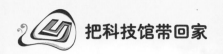
把科技馆带回家

越做越好玩的科学
[第二辑]

多彩的光影世界

中国科学技术馆　编著

U0189302

科学普及出版社

·北　京·

图书在版编目（CIP）数据

越做越好玩的科学．第二辑．多彩的光影世界/中国科学技术馆编著．--北京：科学普及出版社，2021.3

（把科技馆带回家）

ISBN 978-7-110-10140-7

Ⅰ.①越… Ⅱ.①中… Ⅲ.①科学实验—儿童读物 Ⅳ.①N33-49

中国版本图书馆CIP数据核字（2020）第153092号

《把科技馆带回家》丛书编委会

顾　　问　齐　让　程东红

丛书主编　徐延豪

丛书副主编　白　希　殷　皓　苏　青　秦德继

统筹策划　郑洪炜

《越做越好玩的科学第 II 辑》系列编委会

主　　编　张志坚　李志忠　刘伟霞

副主编　张　磊　侯易飞　辛尤隆

成　　员　（按姓氏笔画排序）

王先君　王　军　王紫色　王　赫　左　超　叶肖娜　叶菲菲　曲晓亮

刘枝灵　孙伟强　杜心宁　李　一　李　博　李嘉琪　张　娜　张彩霞

张景翎　张　然　张磊巍　张　璐　陈婵君　邵　航　金小波　秦英超

徐珊珊　高　闯　高梦玮　郭小军　桑晗睿　曹文思　康　伟　梁　韬

韩　迪　景仕通

移动平台设计　任贺春　李　璐　李大为　郭　鑫

视频编辑制作　吴彦旻　药　蓬　任继伟　张　乐　杨肖军　郭　娟

目 录

观察太阳光谱

作者：康 伟

大雨过后，阳光透过湿润的空气变为七彩光芒，艳丽的彩虹横跨天际、连接大地首尾。彩虹是不是很漂亮呢？

彩虹不仅很美，而且还蕴含了太阳的秘密呢！之所以能出现彩虹，是因为阳光本身就是由各种单色光组成的复合光。这一发现，要归功于著名的科学家牛顿，他曾用一块透明的玻璃三棱镜将自然光分解成了七色光。这种七色图案就是太阳的光谱图，从光谱图中科学家可以了解太阳的元素组成及比例，而牛顿所使用的三棱镜就是一种简单的光谱仪——分光器。

时至今日，人们已经制作出了许许多多的分光器。今天就教大家利用身边的几种材料制作一个简单有趣的分光器。

制作分光器，你需要准备的材料为：深色 A4 硬纸板、剪刀、铅笔、美工刀、旧光盘、直尺、双面胶。

制作材料

1

用铅笔在 A4 硬纸板上画出分光器的轮廓图，具体尺寸见图中标示。

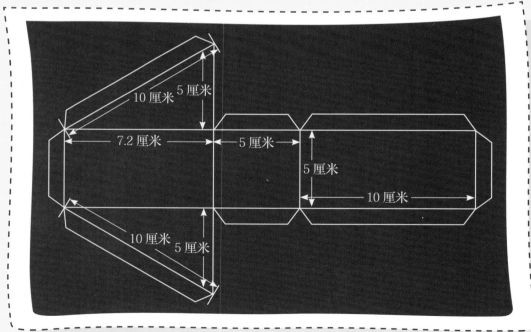

用剪刀将分光器按照轮廓图裁剪下来。

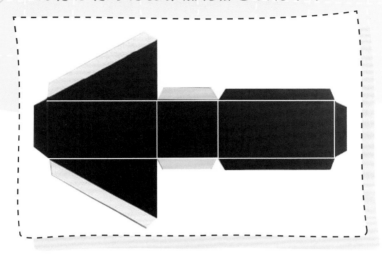

在图示位置用美工刀裁出两个细孔（A 孔是观察时使用的窗口，B 孔是进光孔，越细越好）。然后选定一面作为分光器的外侧面，并在图中折痕位置上贴上双面胶。

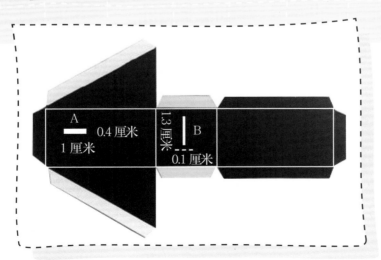

A
—— 0.4 厘米
1 厘米

1.3 厘米
B
0.1 厘米

4

将旧光盘裁剪下一小块，将它牢牢粘贴在分光器的内侧面（与双面胶相反的一面）。

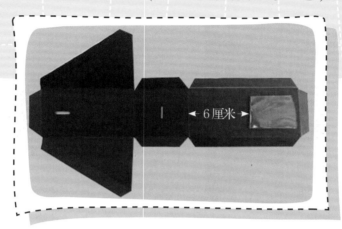

←6厘米→

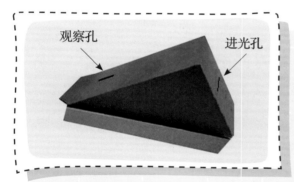

观察孔

进光孔

5

将纸板粘贴组装，分光器就制作完成啦！

6

只要有明亮的光源照射在进光孔上，我们就可以从观察孔看到非常明显的光谱图了。

科学小课堂

为什么光谱可以反映出太阳的元素呢？

如果我们把分光器的进光口做得足够细，在观察光谱时有可能看到一些暗线。暗线来自连续光谱经过太阳大气的低温区域时被吸收的部分，不同元素会吸收不同的光线，所以科学家通过分析光谱中的暗线就能了解太阳的元素信息了。

为什么光盘可以分光呢？

光盘表面布满了密集的凹槽，如果凹槽大小与光的波长相近，就会使照射在上面的阳光发生明显的衍射现象，形成光发散角。相临近的反射光互相叠加形成干涉（同相增强，反相抵消），由于不同颜色的光波长不同，因而干涉效果也不一样，最后就会形成"彩色"的干涉条纹。

不可能三角形

作者：李博

这个图形叫作"不可能三角形"，又叫"彭罗斯三角形"，得名于精神病学家莱昂内尔·彭罗斯和数学家罗杰·彭罗斯父子，号称是"最纯粹不可能的形状"。图中三根四棱柱两两搭接在一起，任意两根四棱柱看起来都呈相等的夹角，而且每根四棱柱都压在另一根四棱柱的上面。

这个图形严重违背常识，不过，利用一些小技巧，也可以把它"做"出来，就像右边这张照片里的样子。

其实，照片中利用透视耍了一点小花招。它的真实样子是这样的：三根四棱柱两两垂直，其中一根四棱柱末端的两个侧面留有开口，一面开口呈矩形，另一面开口是有45度底角的直角梯形。

只要找到合适的角度，就能拍出"不可能三角形"那样效果的照片。为什么要用拍照的方式，而不能直接用眼睛看呢？这是因为两只眼睛会看出立体感，而相机只有一个镜头，不会拍出立体感，这样更容易让人产生三根棱柱彼此搭接的错觉。

想知道上面"不可能三角形"效果照片的实物是怎样制作出来的吗？快让我们一起来动手吧！

请准备

制作不可能三角形，你需要准备的材料为：
纸、胶水、剪刀、铅笔和刻度尺。

制作材料

来动手

请在 A4 纸上，把下面的图案画出来。一共有三个部件，
我们分别用 A、B 和 C 来指代它们。

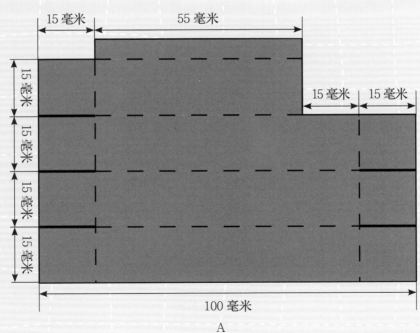

A

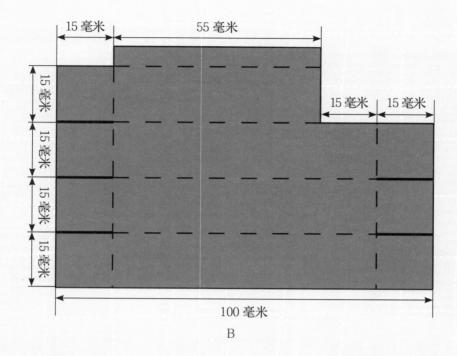

B

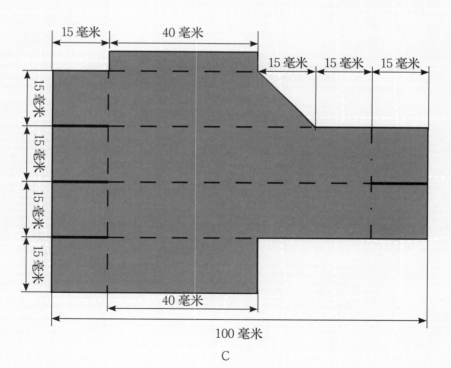

C

2

把步骤1中的三个部件沿着外轮廓剪下来，然后沿着长虚线折成三根四棱柱并将侧面粘牢。

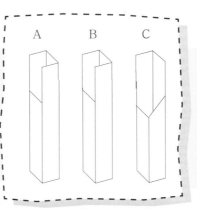

3

将每个四棱柱两端的面进行黏合。在A、B、C的两端都有几根短的粗实线，把它们剪开，然后沿短虚线折90度，将两端折叠黏合。黏好后，每根棱柱都是一端封闭，另一端侧面有开口，A、B侧面开口相同，C侧面开口不同。

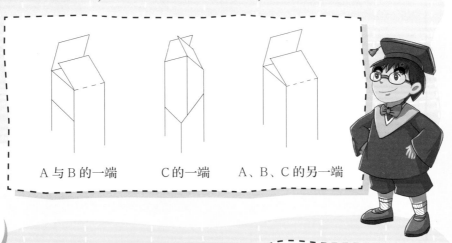

A与B的一端　　C的一端　　A、B、C的另一端

4

对三个部件进行组装。你需要把B棱柱封闭端插入A棱柱的开口中，注意B棱柱另一端侧面开口的朝向要和A棱柱封闭端的指向呈90度（如图，A开口面朝向右侧，B开口面朝上放置）。

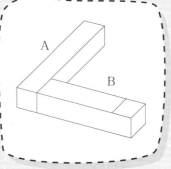

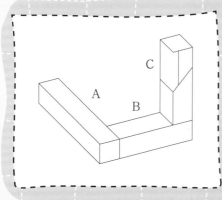

把 C 棱柱封闭端插入 B 棱柱的开口中，注意 C 棱柱的开口朝向。C 棱柱的另一端开口，分别是矩形开口和直角梯形开口，其中，矩形开口那一侧要朝向 B 棱柱封闭端放置。

找一个合适的角度拍照片吧！

小·妙招

拍照时要站得尽量远一点，当你距离一个物体足够远时，物体表面的凹凸起伏造成的近大远小就不那么明显了，这样棱柱彼此搭接的效果会更自然。同时注意周围的光源，当心影子会穿帮哦！

扫码观看演示视频

科学小课堂

　　"不可能三角形"正如它的名字，是不可能在现实世界中存在的，但它之所以能够被拍出来，在于设计者巧妙地利用了二维图形和三维物体的关系。图片是二维的，而现实世界的空间是三维的，要把现实世界的物体放到平面里，需要先选定一个确定的观测角度，然后在这个角度下把三维物体投影到二维平面上。单看局部，这个图形的投影似乎是没有问题的，但从整体看，各个局部的观测角度是不一致的，所以整个图形并没有一个确定的观测角度。于是，一个在三维空间中无法存在的形状就在二维的平面上被呈现出来了。

　　像这种巧妙打破透视构建"不可能图形"的例子，在艺术创作中并不鲜见，荷兰著名的视错觉艺术大师莫里茨·埃舍尔就创作了不少类似的艺术作品。电影《盗梦空间》、游戏《纪念碑谷》都巧妙借助透视错觉，描绘出了现实中不可能存在的梦幻场景。

简易 放大镜

作者：康 伟

放大镜既是名侦探柯南手中的破案神器，又是爷爷、奶奶看书必不可少的工具。下面我们一起来动手做一个简易的放大镜。

请准备

制作简易放大镜，你需要准备的材料为：剪刀、打火机、签字笔、废弃的笔芯、保鲜膜、注射器针筒、双面胶、透明胶带、塑料片（可用硬卡纸替代）、水。

制作材料

来动手

在塑料片上画一个透明胶带大小的圆（直径约 5 厘米），并用剪刀把圆剪去。重复上述步骤，制作两个完全一样的中间为圆形空缺的塑料片。

2

用打火机烤废弃笔芯的中段，待其软化后用手轻拉两端，拉长到一定长度后静置冷却，然后用剪刀从中间剪开，留取靠近笔芯尾端的那段。

注意

该步骤要用到打火机，请在家长协助下完成。

3

准备好步骤1中得到的两个塑料片，在它们的两侧都粘上双面胶。

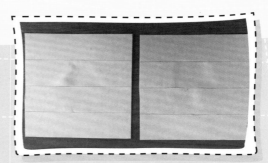

4

把位于塑料片圆形空缺处的双面胶剪掉。

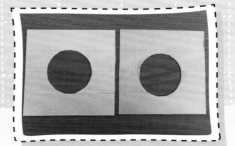

5

将塑料片其中一面的双面胶撕开，并粘上一层保鲜膜，然后用剪刀将保鲜膜沿着塑料片边缘修剪整齐。

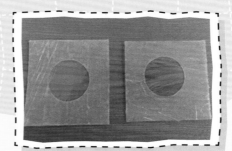

6 把两个塑料片另外一面的双面胶撕开，然后相向粘在一起（或者在两个塑料片中间再加一层同样的中间有圆形空缺的塑料片）。并利用注射器向其中注入自来水。

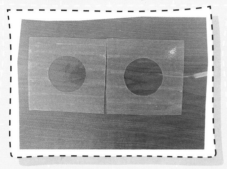

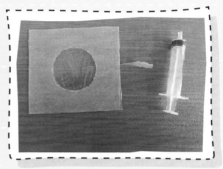

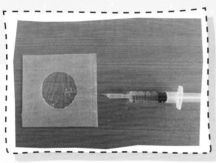

7 简易放大镜就做好啦，用它看下文字或其他物体试试吧！

科学小课堂

这个自制放大镜为什么可以起到放大的作用呢？

当我们完成了简易放大镜的制作后，不妨用手感受一下自己的成果。可以发现，充满水的保鲜膜中间厚、边缘薄，形状如一个凸透镜。

凸透镜对光线具有汇聚的作用，任何平行光线入射凸透镜后都被汇聚成一点，这个点到透镜中心的距离称为焦距。我们通过调节透镜的薄厚是可以改变焦点距离的，我们制作的这个简易放大镜就是通过注水调节透镜的厚度，从而使透镜具有放大镜的功能。

但凸透镜只能对物体进行低倍数的放大，如果想要放大更多倍数，深入观察微观世界，则需要借助显微镜。

  扫码观看演示视频

明辨衣物纤维的 小能手

作者: 张 磊

数九寒冬, 我们需要穿着羊毛衫、羊毛的雪地靴保暖; 春暖花开, 我们喜欢穿着纯棉的衣服, 舒适放松; 炎热夏季, 我们又换上蚕丝、亚麻衣物, 轻薄凉快。你能辨别出买到的衣物真的是羊毛、纯棉、蚕丝或是亚麻的吗?

今天, 我们就通过显微镜观察法, 做个明辨衣物纤维的小能手!

请准备

你需要准备的材料为: 衣物纤维、显微镜、载玻片、盖玻片、滴管、烧杯、蒸馏水、镊子。

实验材料

1 抽取纤维。若为纱线则剪取一小段退去捻度，若为织物则抽取织物经纱或纬纱并退去捻度。

2 制作标本。将一小段纤维置于载玻片上，滴上一滴蒸馏水，盖上盖玻片。

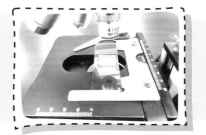

3 显微观察。将标本置于显微镜下观察，在放大100倍或400倍时，可清晰辨别不同纤维的特征。

常见纤维的显微镜下形态图如下。

羊毛纤维：鳞片状；棉纤维：有卷曲；蚕丝纤维：平滑；麻纤维：有横节和竖纹；化学纤维：平滑，部分有沟槽。

| 羊毛纤维 | 棉纤维 | 蚕丝纤维 | 麻纤维 | 化学纤维 |

科学小课堂

长度比直径大千倍以上且具有一定柔韧性和强力的细而长的材料统称为纤维。纺织纤维分为天然纤维和化学纤维。棉、麻属于天然的植物纤维；蚕丝是蚕的分泌物，属于动物纤维；羊毛、羽绒这些动物的毛发也属于动物纤维；抱枕中的腈纶棉、夏天穿的的确良衬衫等属于化学纤维。

纤维品种众多，性状各异，可以通过不同的方法进行区分。显微观察法是广泛采用的一种衣物纤维鉴定方法，我们除了观察纤维纵向性状，还可以通过制作横截面的标本进行观察，区别不同纤维。不管你的衣物是由一种纤维构成的纯纺，还是混纺（由两种或多种纤维构成）和交织（经纬纱用不同的原料），都可以利用显微镜进行纤维鉴定。当然，显微观察法也有局限，它更适用于天然纤维的区分，如棉、麻、丝和毛，对于化学纤维就有点爱莫能助了。实际应用中，还有燃烧法、溶解法、染色法、红外光谱法等，都可以进行衣物纤维的鉴定。

针孔眼镜

作者：李博

拍照时，有一项重要的参数叫"光圈"，那么，为什么照相机镜头需要配备可调节的光圈呢？

其一，是为了改变进入镜头的光线多少：环境太亮，就把光圈调小一点；环境太暗，就把光圈调大一点。

其二，是为了改变照片的景深效果。景深，通俗地说，就是能把多远距离内的人或物拍清晰。光圈小，景深就深，远近的人或物体都很清晰；光圈大，景深就浅，远处的背景会很模糊，近处的人或物更清晰突出。

光圈小，景深深

光圈大，景深浅

第一条很好理解，第二条可能就不太好理解了，为什么光圈大小会影响景深呢？接下来这个"针孔眼镜"小实验，将告诉你其中的道理。

完成这个实验，你需要准备的材料为：硬卡纸、剪刀、针（或其他有尖端的物体）。

实验材料

来动手

用剪刀将硬卡纸剪成 3 厘米左右宽的硬纸条（长度不限）。

用针尖（或其他有尖端的物体）在硬纸条一端的中央处钻一个孔，直径 1~2 毫米。

随便找一本书。闭上（或遮住）一只眼睛，用另一只眼睛看书上的字。头逐渐向书靠近，同时保持眼睛放松，直到视野里的字开始变得模糊。

把带小孔的纸板放在正在看字的眼睛前方，透过上面的小孔看过去，你会发现，刚才模糊不清的字变得清晰了。

仿照第3步，闭上（或遮住）一只眼睛，用另一只眼睛盯着一件稍远处的物体，拉远与这个物体的距离，直到这个物体在眼睛里刚刚开始变得模糊。

把带小孔的纸板放在睁着的眼睛前方，透过上面的小孔看过去，你会发现，远处模糊不清的物体变得清晰了。

我们看物体时，物体上每一点发出的光或反射的光都会从各个方向进入眼睛，经过眼睛中的晶状体折射，在视网膜上重新汇聚成一点。

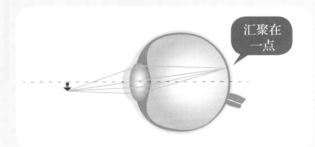

平时能看清物体时物体在视网膜上的成像

当我们离物体太远或太近时，晶状体不能让物体发出的光或反射的光准确汇聚到视网膜上，只能在视网膜上留下一个大光斑，从而使图像模糊不清。

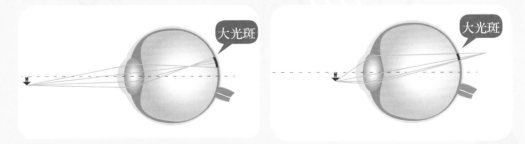

眼睛距离物体过远或过近时，物体在视网膜上的成像

当我们透过小孔看物体时，由于只有朝小孔方向的光能穿透过来，所以在视网膜上留下的光斑就变小了，远处／近处模糊的物体也就重新变得清晰了。

透过小孔看过远或过近的物体时，物体在视网膜上的成像

在这个实验里，视网膜就相当于照相机的感光元件，直接用眼睛看物体，相当于把照相机的光圈调大；透过纸板小孔看物体，相当于把照相机的光圈调小。当光圈变小时，远近的人和物体都可以很清晰，这样就实现了景深较深的效果；反之，当光圈变大时，只有适当距离的人或物体是清晰的，过远的背景相对模糊，从而实现了景深较浅的效果。

"全息投影"大片

作者: 李 一

　　你也许听说过全息投影技术，比如在看演唱会时，虚拟的偶像出现在舞台中央，与你挥手互动；又或者在科幻大片中，主角轻轻晃动一下手指，整个地球出现在他眼前，掌握在他的手中。全息影像看起来相当炫酷，但其实它没有大家想象的那么复杂，我们可以用不到十元的成本，不到五分钟的时间，让"全息投影"出现在你面前！一起动手试试吧！

请准备

　　完成这个实验，你需要准备的材料为：A4纸（颜色不限，为了方便大家观看此处选择的是蓝色）、电脑贴膜一张（选用其他有硬度的、透明度较高的塑料片也可以，手机贴膜、衬衣的透明塑料内衬也可以选用）、笔、橡皮、尺子、剪刀、透明胶带、智能手机。

实验材料

1

在 A4 纸上用图片中标注的尺寸画一个等腰梯形，即：一组对边平行（不相等），另一组对边不平行但长度相等的四边形。

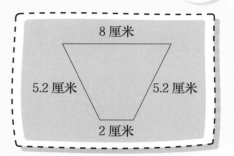

8 厘米

5.2 厘米　　　5.2 厘米

2 厘米

将等腰梯形剪下，并以此为模板，在电脑贴膜（或其他透明塑料片）上剪下同样尺寸的图形共 4 个。

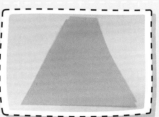

温馨提示

电脑贴膜硬度较大，请在家长协助下完成剪裁工作，用剪刀的时候一定要注意安全！

将用电脑贴膜（或其他透明塑料片）剪出的4个等腰梯形的腰与腰相连，用透明胶带将其贴牢固，最后呈现出立体的"金字塔"造型即可。粘贴的时候如果一个人无法完成，可以邀请家长帮助拿稳每片图形。

 打开智能手机，在视频播放软件中搜索"全息投影视频"等关键词，播放资源。将手机平放在桌面上，再将我们刚刚制作好的"全息金字塔"倒立放在手机上。注意，是倒立放置。之后我们从侧面观看，就可以看到奇幻的"全息投影"啦！

  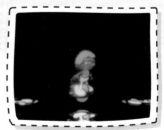

温馨提醒

在光线较暗的地方看效果更佳。

英国物理学家丹尼斯·盖伯曾因发明全息摄影技术，获得1971年诺贝尔物理学奖，而我们刚刚动手制作出了"全息投影"，这两者有什么关系呢？其实，这是截然不同的两种技术，可以说，互相没多大关系。"全息投影"实际上这并不算真正的全息技术，而是伪全息。我们制作的"全息金字塔"只用到了反射原理。手机屏幕中的画面显示了同一个物体四个侧面的样子。这些侧面通过在四棱台四个表面的反射，会在四棱台内部形成四个浮空的虚像。我们从某个方向看过去，通常会看到物体一到两个侧面的虚像，就好像看见了一个悬空物体的不同侧面一样。尽管不是真的全息，但"全息投影"却十分有用，在戏剧、歌舞、魔术表演及各类展览中都有广泛的应用。

电影 放映机

作者：张景翎

动画艺术经过100多年的发展，其独特的艺术魅力深受观众喜爱。你知道动画片是依据什么原理做出来的吗？让我们一起来学习一下，动手制作简单的动画片吧！

请准备

制作动画片，你需要准备的材料为：绘画工具（彩笔、黑色勾边笔、铅笔、橡皮擦）、白卡纸、白纸，固体胶棒、筷子、半截筷子、美工刀、剪刀、短木筷子（长约9厘米、直径约0.5厘米）2根，白线（30厘米），橡皮泥2块（颜色不限）。

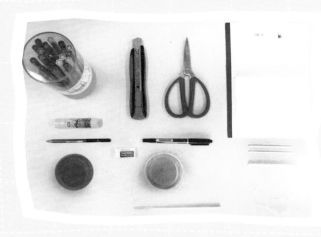

制作材料

来动手

将蓝色橡皮泥捏成小长方形（长、宽、高分别为5厘米、10厘米、1厘米），将粉色橡皮泥捏成小长条形（长、宽、高分别为3厘米、8厘米、1厘米），如图那样钻孔，充当底座。

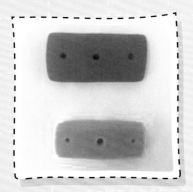

用铅笔在白卡纸和白纸上分别画出相同的椭圆，并将其剪下（白纸2张，白卡纸1张）。

在剪下的 2 张白纸上分别画上相应的图案（如一张画小鸟，一张画鸟笼，图案创意可以自由发挥）。

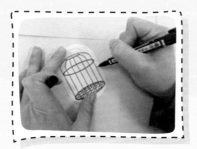

将画好的纸张分别粘贴在白卡纸的两侧。

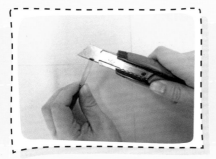

用美工刀将半截筷子一端切割出长度为 1 厘米的小缝。

注意

美工刀的使用存在一定危险性，请在家长的陪同下操作。

6

如右图所示，将两根短木筷子分别穿过橡皮泥两端小孔，半截筷子穿过橡皮泥中心孔，完成支架搭建。

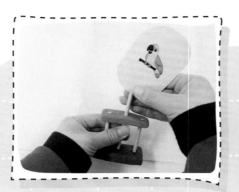

7

将做好的小图卡插入筷子缝隙中。

8

将白色线绳一端绑在长筷子上，另外一端缠绕在支架中心筷子的底部后，在长筷子另一端打个结。

9

来回拉动线绳，观察小图卡的画面变化。

科学小课堂

小小电影放映机的动画效果是怎样出现的呢？

其实，这种效果可以用视觉暂留来解释。视觉暂留是光对视网膜所产生的视觉在光停止作用后，仍保留一段时间的现象，是由于视神经需要一定的反应速度造成的。人眼观看物体时，成像于视网膜上，并由视神经输入大脑，感觉到物体的像。但当物体移去时，视神经对物体的印象不会立即消失，而要延续 0.1~0.4 秒的时间，人眼的这种性质被称为"眼睛的视觉暂留"。动画片就是利用人眼的这个性质制作出来的！

DIY 投影仪

作者：康　伟　陈婵君

投影仪，是一种将图像或视频投射到影屏上的设备，随着人们不断追求大屏幕带来的观影体验，家用投影仪也越来越受到青睐。

投影仪的外观看上去像一个小方形盒子，这个小盒子内部有哪些器件呢？投影仪内部主要由光源、液晶屏、透镜三部分组成，光源发出的光透过液晶屏，将液晶屏上的图像投射到透镜上，再经过透镜将影像投射到幕布上。

下面我们一起动手制作一个简易投影仪，了解投影仪的工作原理吧！

请准备

制作投影仪，你需要准备的材料为：A4硬卡纸、剪刀、铅笔、尺子、胶棒、纽扣电池（3伏）、轻触开关、导线、发光二极管、聚光杯、凸透镜、胶片。

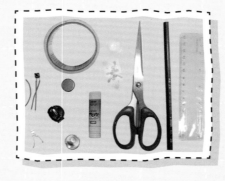

制作材料

来动手　用铅笔在A4硬卡纸上按图中尺寸画图，沿线将纸上的图案剪下并折叠，长方形的盒子为投影仪的外壳，4个中心孔形状不同的正方形小卡片用来装配投影仪内部器件。

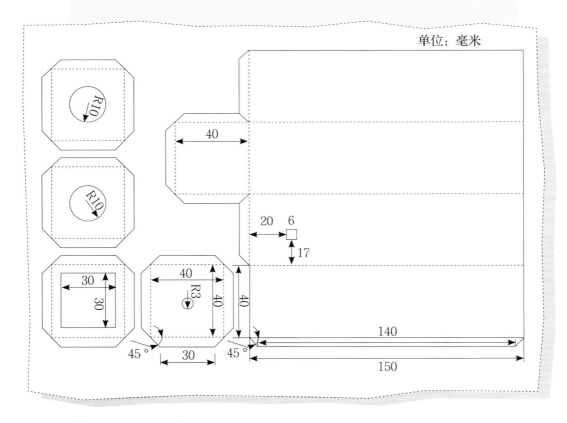

单位：毫米

R10

R10

30
30

40
40
R3
40

40

20　6

17

45°
30

45°

140

150

取 3 根导线，连接纽扣电池（3伏）、轻触开关、发光二极管的引脚。

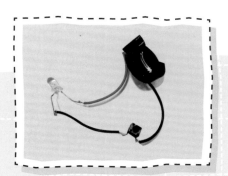

将发光二极管、聚光杯、凸透镜、胶片分别组装到对应的正方形小卡片里，用胶棒和双面胶固定，制作出二极管卡片、聚光杯卡片、胶片卡片、凸透镜卡片。

在投影仪的纸壳内，放入二极管卡片，电源开关放置在外壳侧面小方孔里，用胶棒在卡片的折边上涂上胶，在盒子里固定住二极管卡片位置。将聚光杯套住二极管放置在二极管右侧，同样用胶棒固定住聚光杯卡片，最后在聚光杯前依次放入胶片卡片、凸透镜卡片，并用胶棒固定，一个简易投影仪内部结构就组装好了！

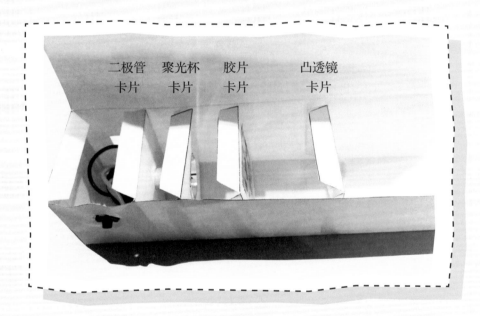

二极管　聚光杯　胶片　凸透镜
卡片　　卡片　　卡片　卡片

在光线较弱的墙面，把投影仪侧面开口对着墙面，打开电源开关，看看胶片上的图像是否能投影到墙壁上。

扫码观看演示视频

科学小课堂

  如何使胶片上的图像正确清晰地投影在墙壁上呢？尝试调节凸透镜离胶片的距离，观察墙壁上的图像有没有变化呢？胶片与凸透镜之间应该距离多远合适呢？

  我们要了解凸透镜成像的规律，首先需要知道焦距的概念，焦距是指平行光入射时从透镜中心到光聚集的点之间的距离。物距小于 1 倍焦距时，成正立放大的像。大于 1 倍焦距，小于 2 倍焦距时，成倒立放大的像。幻灯机、电影放映机、投影仪都利用的这种成像规律。

  根据上面的规律大家试着调节出清晰的图像吧。

手机 显微镜

作者：梁韬　张志坚

显微镜是用于观察微观世界的重要工具，其实在家中利用我们身边的物品就能制作一个简易的显微镜，让我们一起来动手试试吧！

制作手机显微镜，你需要准备的材料为：手机、硬卡纸、橡皮筋、双面胶、小玻璃珠（直径 2.5~3.0 毫米）、LED 小手电、透明塑料板、透明胶带、食盐（少许）、蚂蚱腿（或其他细小可观察的物品）、美工刀、尺子、剪刀、铅笔、订书机。

制作材料

来动手

根据手机的宽度（图中手机宽度约7厘米），用铅笔和尺子在卡纸上绘画出如图所示的形状，再用剪刀把纸片剪裁下来。

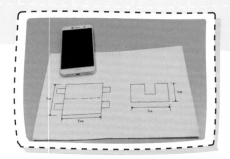

注意

选择的手机要求背部镜头在中间的位置。

2

将剪下来的左边纸片沿着虚线对折，并在居中略靠上的位置挖出一个孔。

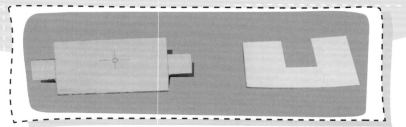

注意

孔要比小玻璃珠的直径略小。

将玻璃珠放置在两个圆孔之间卡住，并用双面胶将其对折后粘牢固。

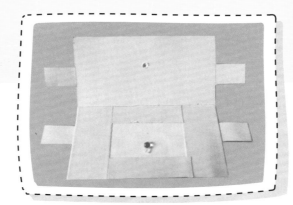

用订书机将另一张凹形纸片与夹有小玻璃珠的纸片的底部固定。

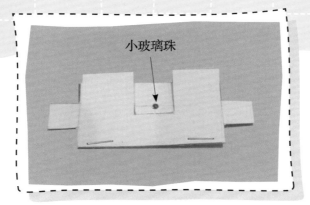

小玻璃珠

将纸片上的玻璃珠对准手机镜头，利用橡皮筋勒住卡纸的"双耳"将其绑在手机上。打开手机照相功能，应该能看到一个明亮的视野。

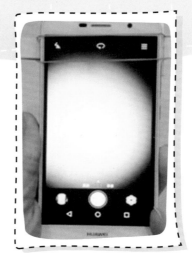

制作用于观察的标本。首先将被观测物放在透明塑料板中央，然后小心地贴上透明胶带即可。我们可以选取生活中的各种物品作为观察物，这里以食盐颗粒和蚂蚱腿作为观察物。

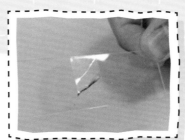

7 把制作好的标本固定在两纸片中间，将标本对准小玻璃珠。打开手机拍照功能，并用小手电照亮标本，你就可以清晰地看到"显微镜"下的微观世界啦！

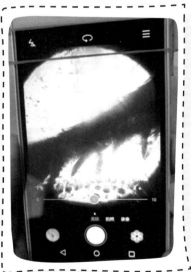

　　小玻璃珠和手机为何能实现显微镜的放大效果？

　　小玻璃珠和手机镜头构成了一个显微镜系统。其中，小玻璃珠相当于显微镜的物镜，手机的镜头相当于显微镜的目镜。根据凸透镜的成像原理，被观测的物体第一次先经过了小玻璃珠（物镜），形成一个放大的实像；之后以第一次成的物像作为"物体"，经过手机镜头（目镜）再次成像，通过照相功能的光学杂集，我们就可以在屏幕中看到物体的微观世界啦。

硬币点灯

作者：金小波

伏打电堆是1800年意大利物理学家伏特发明的世界上第一种电池。伏打电堆的发明，开启了科学界的电池研发之路，开创了电学发展的新时代。

今天教大家一种在家也可以制作的"硬币电池"，快来动手一探究竟吧！

请准备

完成这个实验，你需要准备的材料为：8枚5角硬币（表面金色材料含铜）、食盐、锡纸、硬纸板、发光二极管、导线（2根，其中一端有夹子）、剪刀、透明胶带、笔、水杯、水、纸巾。

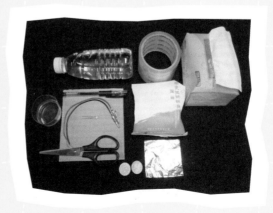

实验材料

来动手

1

用硬币作为参考，在硬纸板上用笔画出硬币大小的标记 8 个。

2

用剪刀沿着硬纸板上所作标记进行裁剪，剪下小圆片。

用硬币作为参考，剪下所需 8 张锡纸片。

将硬币放入水杯中，并在水杯中加入
适量食盐。

在水杯中倒入适量的水，并轻轻搅拌以加速食盐的溶解，待食盐溶解之后，将硬币捞出并用纸巾吸干上面的水。

 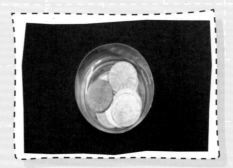

将准备好的硬纸片放入水杯中，倒入适量水，可用手指将硬纸片完全浸入水中确保纸片充分吸水。

7

准备好锡纸片、浸湿的硬纸片、硬币，按照一枚硬币、一张硬纸片、一张锡纸片的顺序向上叠加直至用完所准备的上述材料，完成"硬币电池"的组装。

8

准备好一条透明胶带，2根导线和上一步完成的"硬币电池"；将红色导线的铜丝部分粘在胶带上；将"硬币电池"一端压在粘好的铜丝上面；用同样方法将黑色导线用透明胶带粘在"硬币电池"的另一端；用透明胶带将导线和"硬币电池"粘贴牢固。

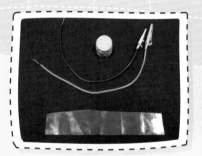
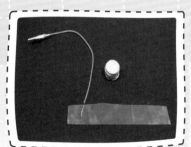

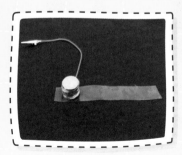

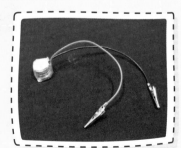

9

将发光二极管的两端分别用红色和黑色导线的夹子夹住，连接好之后观察。可以看到，二极管亮了，发出了红色的光。

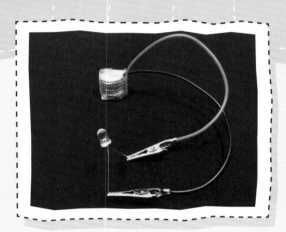

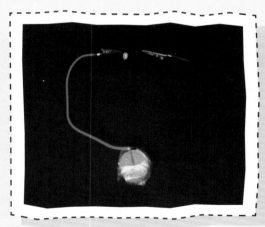

科学小课堂

为什么小小的几枚硬币经过几个步骤之后能够点亮二极管呢？

这是因为当两种不同的金属（铜和锡）通过电解质（食盐水）连接在一起时，金属表面发生化学反应，导致电子转移从而形成电流，当用导线连接二极管时，二极管连通，有电流经过从而使二极管发光。其实，硬币电池的原型就是伏打电堆，也就是电池组。

随着科技的日新月异，现在的电池种类繁多，还有干电池、碱电池、铅蓄电池、锂电池等，这些电池的原理是不是和伏打电池原理一样呢？大家可以查询资料一探究竟！

纸电路连连看

作者：叶肖娜

　　并联和串联，是连接电路元件的基本方式。并联指电路中的电子元件并列地接到电路中的两点间，电路中的电流分为几个分支，分别流经几个元件。也就是说，在并联电路里，电流不只有一条路径，而是有两条或两条以上的路径。

　　而在串联电路中，电流只有一条路径可走，各用电器之间相互影响，若有一个用电器不工作，其余的用电器都无法工作。

　　下面我们用纸电路连连看，一起来了解串联和并联电路的特点吧！

请准备

　　完成这个实验，你需要准备的材料为：A4卡纸、纽扣电池（3伏）、笔、LED灯泡（2个，3伏）、双面导电铜箔胶带。

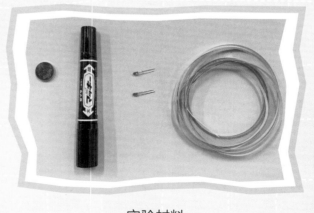

实验材料

双面导电铜箔胶带转角的粘贴方法。

LED 灯泡的使用方法（记住长短角的弯折方向，长引脚是正极，短引脚是负极）。

开关制作方法。

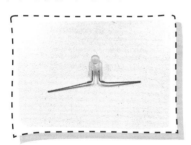

电池连接方法（注意正负极，纽扣电池正极与 LED 灯泡正极相连，纽扣电池负极与 LED 灯泡负极相连）。

来动手

连接一个串联电路。

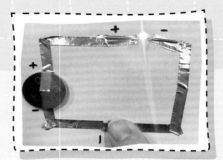

在不增加电池的前提下，在已经连接好的电路上多连接一条支路（使串联电路变成一个并联电路）。闭合干路开关1，使2个LED灯同时亮起，我们发现，2个LED灯的亮度一样。

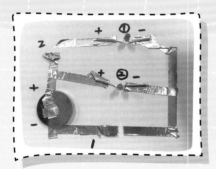

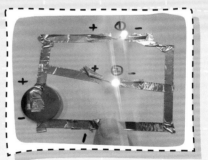

并联电路特点一：并联电路有多条支路，每条支路的电压相等。

在其中一条支路上增加一个开关 2，使增加的这个开关能控制 LED 灯 1。闭合干路开关 1，LED 灯 2 亮起。同时闭合开关 1 和开关 2，LED 灯 1 和 LED 灯 2 同时亮起。

并联电路特点二：干路开关控制整个电路，支路开关控制其所在支路上的用电器；一条支路断路，不影响其他支路。

我们在已经连好的电路上，再增加一条支路且不连接 LED 灯，闭合开关 1 和开关 2，LED 灯 1 和 LED 灯 2 都没有亮起。

 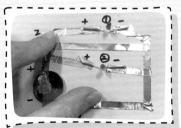

并联电路特点三：一条支路短路，整个电路都短路。

科学小课堂

理发师在理发时，为了尽快把头发弄干，常使用电吹风机。那么电吹风机是怎样工作的呢？

原来，电吹风机里有电热丝和电动机，它们的连接方式是并联的。电热丝通电后可以发热，电动机通电后可以送风。它们连接的电路如图所示：

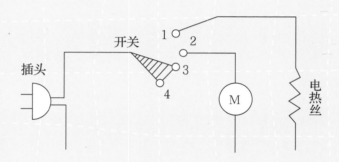

当开关接到"停"（3 和 4）的位置上时，电动机和电热丝均未接入电路，都不工作；当开关按到"吹风"（2 和 3）的位置上时，只有电动机接入电路，电动机工作，吹出室温的风；当开关接到"热"（1 和 2）的位置上时，电动机和电热丝并联接入电路中，电热丝发热，电动机吹风，此时电动机吹出的是热风，可加快头发里水分的蒸发。

另类水彩画

作者：桑晗睿　徐珊珊

缤纷的糖果除了可以吃，还可以玩儿，今天，就带大家时尚一把，欣赏一场用糖果打造的视觉盛宴。

请准备

制作"水彩画"，你需要准备的材料为：带色素的糖果若干、盘子、常温清水。

制作材料

取出若干粒糖果（此处使用的是彩虹糖），颜色错落有致地摆放在盘中，围成一圈。

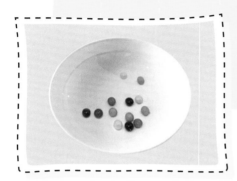

在盘子中间轻轻倒入常温清水，水面高度与糖果中间位置高度一致即可。

在实验中，我们会看到当糖果接触水后，糖中部分可溶色素会先向四周有水的区域慢慢溶解，然后又朝向盘子中央一点点扩散，大约 2 分钟后，盘中逐渐形成了一个类似摩天轮形状的彩色圆盘。

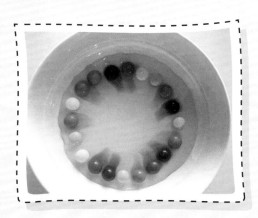

扫码观看演示视频

科学小课堂

糖果表面包裹着一层彩色糖衣，它们是一种可食用色素，能溶于水。当糖果接触水后，这些色素会逐渐溶入糖果附近的水中。

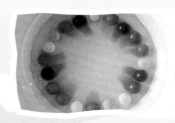

因为在溶解过程中，溶质会不断从浓度大的区域扩散到浓度小的区域。所以，这些色素在溶解初期，并没有明显的方向性。但当它们慢慢溶于水中后，糖果周围的水会形成浓度较高的色素溶液，密度增加。

此时，高浓度的色素溶液会继续向外溶解，直到相邻色素溶液相遇。当溶液浓度相似时，溶解速度不会太快，此时色素溶液便会优先朝溶液浓度更小的区域扩散（清水区），所以色素溶液会一同朝向盘子中间慢慢扩散，最终形成类似彩虹摩天轮的形状。

知道原理后，就可以利用这一原理，大开脑洞，创作你的"水彩画"吧！

五彩摩天轮

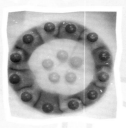
风火轮

幻瞳

五彩八宝饭

可能有人会担忧，食物上的色素能吃吗？

可食用色素，通常分为天然和人工合成两大类。我们吃的许多天然食物本身就具有色泽。色彩是判断食品感观品质的一个重要因素，它们的存在可以促进我们的食欲，有利于人体的消化和吸收，不然也不会有"色香味俱全"这么一说。

人们自古就热衷于在食物中添加色素，如我国古人喜欢用红曲米酿酒、制红肠，用乌饭树叶捣汁染糯米饭食用等。这些都是可食用的天然色素，是直接从动物、植物组织中提取出来的，对人体来说一般无害，但在加工和保存过程中容易出现变色或褪色等情况，这也是天然色素的一大弊端。随着社会和科技的进步，为了弥补天然色素的不足，人工合成色素出现了。这种色素是人们用从煤焦油中分离出来的苯胺染料作为原料制成的，如胭脂红、柠檬黄等。因为它们具有色泽鲜艳、着色力强、稳定性好、易于溶解和拼色等优点，被人们广泛应用于糖果、糕点和饮料等食品的着色上。

相对于天然色素而言，人工合成色素对人体是有一定危害的，使用不当还会诱发中毒、腹泻甚至癌症等问题。因此，世界各国在这些食用色素的管理和限量使用方面都有严格的规定。例如，我国批准使用的食用合成色素只有 7 种，即苋菜红、胭脂红、诱惑红、柠檬黄、日落黄、靛蓝和亮蓝，而且规定肉类及其加工品、鱼类及其加工品、醋、酱油、腐乳等调味品、水果及其制品、乳类及乳制品、婴儿食品、饼干、糕点都不能使用人工合成色素。只有汽水、冷饮食品、糖果、配制酒和果汁可以少量使用，但一般也不得超过 1/10000。

隐藏的指纹

作者：张志坚

在100多年前，警察就开始利用指纹破案。罪犯在犯案现场留下的指纹，可以成为警方追捕疑犯的重要线索。现今鉴别指纹的方法已经电脑化，使鉴别程序更快更准。

如何提取物品上的指纹呢？接下来就让我们一起来通过实验，学习一下吧。

请准备

提取指纹你需要准备的材料为：502胶水、锡箔纸、透明塑料杯、平皿。

实验材料

来动手

在透明塑料杯内部按几下，将指纹留在杯子内壁上。

1

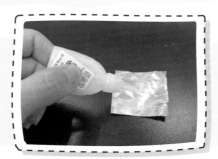

2

将 502 胶水均匀涂在锡箔纸上。

3

将含胶的锡箔纸放于装有水的平皿上方，有胶的一面朝上，并把透明塑料杯倒扣在锡箔纸上方。

等待几秒，原本透明的塑料杯内壁出现了白色的指纹印迹。

4

　　我们每个人手指上都有指纹，指纹是皮肤最外层的表皮上突起的纹线，在胎儿三四个月时便开始产生，到六个月左右就形成了。随着婴儿长大成人，指纹只会放大增粗，但它的纹样是不变的。

为什么会产生指纹呢？

　　皮肤发育时，柔软的皮下组织长得比相对坚硬的表皮快，迫使长得较慢的表皮向内层组织收缩塌陷，逐渐变弯打皱，以减轻皮下组织施加给它的压力。如此一来，形成纹路。

　　虽然人人都有指纹，但各不相同。指纹独一无二，即使因刀伤、火烫或化学腐蚀而表皮受损，新生的皮肤上仍是原来的指纹。

我们摸过杯子之后为什么会留下指纹呢？

　　人的手指、手掌面的皮肤上，有大量的汗腺和皮脂腺（紧张或激动时更容易分泌汗液），因此，只要手指、手掌接触物体表面，就会像印章一样自动留下印痕。

　　汗液的成分相当复杂，其中包括水分、盐、氯化钾、硫酸盐、磷酸钙、乳糖、尿素和类脂物。了解这些成分后，通过化学反应就可以给物体表面的指纹进行增色使指纹凸显出来。

为什么 502 胶水会使指纹显形呢？

　　手指在干净的杯子上留下的指纹中含有氨基酸分子和水，502胶水中可以挥发出氰基丙烯酸酯的气体，氰基丙烯酸酯与水和氨基酸分子反应，使指纹呈现。平皿中加水是为了增加空气中的水分，因为在干燥的环境中，手指上的水分会很少。

烟雾瀑布

作者：高 闯

　　烟是混合物，里面包含二氧化硫、氮氧化物、烟尘、烃类有机物、二氧化碳等物质，平均密度要比空气大，也就是说烟比空气重。那么为什么烟会在空气中缓缓上升呢？这是由于产生烟雾的过程往往伴随着产生热，因此周围有很多的热空气，是这些热空气带着烟往上升的。今天我们就通过一个小实验，验证烟确实要比空气重，会在空气中下降的神奇现象。

请准备

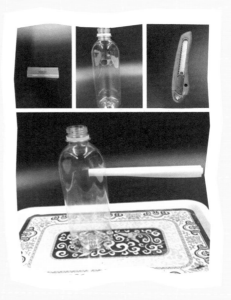

　　完成这个实验，你需要准备的材料为：矿泉水瓶（将商标贴纸等撕掉）、A4 纸、美工刀、火柴（或打火机）。

实验材料

来动手

1
用美工刀在塑料瓶上裁出一个圆孔（直径 1 厘米左右）。

2
用美工刀裁出 1/4 张 A4 纸，将其卷成纸卷状。将纸卷插入塑料瓶的孔中，并使纸卷进入瓶子大概中心的位置。

3
用火柴或打火机将纸卷另一端点燃，然后观察瓶内现象。

温馨提示

本实验应在家长的帮助下完成。

科学小课堂

点燃纸卷后，会产生烟和热空气。大部分热空气直接分散到了纸卷外部的空间中，而大部分的烟则顺着纸卷到了其另一端出口，在这个过程中还在不断地冷却，因此你会看到从纸卷另一端流出来的烟就好像瀑布一样，倾注而下，还原了烟比空气重的真面目。

温馨提示

可在塑料瓶底下垫一个托盘或是一张纸，以便清理实验后产生的灰烬。请一定注意实验后确认纸卷已熄灭、冷却，避免因大意引起复燃，杜绝火灾隐患。

趣味火山

作者：张 璐

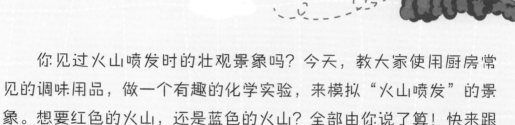

　　你见过火山喷发时的壮观景象吗？今天，教大家使用厨房常见的调味用品，做一个有趣的化学实验，来模拟"火山喷发"的景象。想要红色的火山，还是蓝色的火山？全部由你说了算！快来跟我一起动手试试吧！

请准备

完成这个实验，你需要准备的材料为：锥形瓶（也可用其他玻璃容器代替）、白开水一杯、玻璃棒、护目镜、白醋、小苏打、红墨水（可用蓝墨水或色素代替）、洗涤灵、勺子。

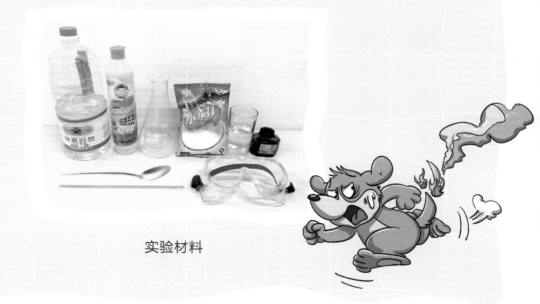

实验材料

来动手

将300毫升白醋倒入锥形瓶。

在白醋中加入 10 滴洗涤灵，10 滴红墨水、轻轻摇晃均匀（注意不要剧烈摇晃）。

扫码观看演示视频

69

3

将 3 勺小苏打粉末放入白开水中，用玻璃棒搅拌均匀。

4

将杯中的小苏打溶液迅速倒入锥形瓶中（儿童请在家长看护下操作）。

小火山喷发起来可是相当壮观呢！火红色的岩浆从瓶中涌出，这景象相比真正的火山喷发毫不逊色！

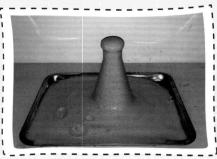

科学小课堂

　　白醋是家中常见的烹调辅料，无色、味道单纯，呈酸性。小苏打即碳酸氢钠粉末，在食品制作中常作为膨松剂，溶于水后呈弱碱性。将酸性的白醋与碱性的小苏打溶液混合后，会发生化学反应，生成醋酸钠、水和大量的二氧化碳，这种化学反应叫作酸碱中和。由于反应中产生大量的二氧化碳，所以瓶内的液体会迅速喷涌而出。我们常喝的可乐在摇晃后开盖会喷出来，也是大量二氧化碳从液体中逃离的结果。

　　在溶液中加入洗涤灵，又是为了什么呢？这个问题留给大家自己思考吧，答案就在小火山喷出来的液体中！

纸花 绽放

作者：张 磊 高 闯

花朵虽然美丽，但总有凋谢的一天。今天，我们来折一支漂亮的纸花。让它装点生活，永远在花瓶中绽放。

请准备

制作纸花，你需要准备的材料为：花瓣：粉色皱纹纸（30 厘米 ×7 厘米）。花蕊：黄色皱纹纸（6 厘米 ×7 厘米）。花萼：绿色皱纹纸（10 厘米 ×5 厘米）。叶片：绿色皱纹纸 2 张（5 厘米 ×5 厘米）。花茎：粗铁丝。其他：绿色胶布、剪刀、细铁丝。

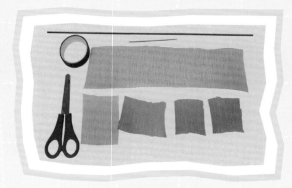

制作材料

1

将花瓣彩纸从中间剪开，其中一张等分为2份，另一张等分为3份，得到 5 片备用。

2

用粗铁丝将每片花瓣皱纹纸两角沿 45 度方向斜卷外翻，用手指将皱纹纸中间拉长内翻，做成花瓣形状。

3

用绿色皱纹纸剪出花萼和叶片的形状。

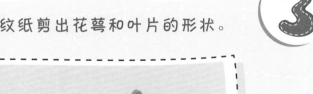

将花蕊缠绕在花茎
顶端，用绿色胶带固定。

将花瓣一层一层包裹在花蕊
外，并整理出漂亮的形状。花瓣
之间可用绿色胶带固定，最后用
细铁丝固定整朵花。

将花萼围裹在花朵下，用绿色胶带固定。随着
胶带向下缠绕，利用胶带将叶片固定在花茎上。
一朵美丽的纸花就做好啦！你还可以利用其他
颜色的皱纹纸，制作出五颜六色的花朵。

你知道美丽的花朵是由什么构成的吗？现在，我们就来一起了解花的结构和作用吧！

花是被子植物的生殖器官，一朵完整的花包括六个基本构成部分：花梗、花托、花萼、花冠、雄蕊群、雌蕊群。一朵构成部分俱全的花被称为完全花，缺少其中的任一部分则被称为不完全花。

花梗

花梗又称为花柄，从茎或花轴长出，上端与花托相连。花梗是花的支持部分，也具有疏导作用。其上生长的叶片，称为苞叶、小苞叶或小苞片。

花托

花托是花梗上端生长花萼、花冠、雄蕊、雌蕊的膨大部分。花托常有凸起、扁平、凹陷等形状，具有支持、连接的作用。

花萼

花萼是花朵最外层生长的片状物，通常呈绿色，每个片状物称为萼片，而所有的萼片就组成了花萼。花萼对花起保护作用，形状类似叶子，不鲜艳，果实成熟时很多都会脱落。

花冠

在紧靠花萼内侧生出的片状物，就是花瓣。而不同数目的、各种形态各异的花瓣所组成的就是花冠。花的色彩和芳香就来自花冠，它可以分泌蜜汁和挥发油。小蜜蜂、蝴蝶等花粉传播者，就是被这些芳香和蜜汁吸引来的。

雄蕊群

雄蕊群是所有雄蕊的总称。雄蕊是紧靠花冠内部生长的丝状物，下部称为花丝，上部称为花药。花药中有花粉囊，花粉囊中贮有花粉粒，当成熟时花粉囊壁破开、花粉散出，蜜蜂就可以带着花粉粒去授粉了。

雌蕊群

雌蕊群是雌蕊的总称。雌蕊是花最中心部分的瓶状物，瓶状物的下部是子房，瓶颈部是花柱，瓶口部是柱头，是接受花粉的地方。如果把子房切开，我们可以看到有一个或多个卵形小体，即胚珠。

雄蕊和雌蕊是花重要的组成部分。雄蕊的花药中有花粉，当花开后，花粉落在柱头上后，经过一系列复杂的变化，雌蕊的子房中的胚珠才能发育成种子，而整个子房就发育成果实。当然，也有的花只有雌蕊或雄蕊，称为单性花，如各种瓜类的花。这种花要开花结果就一定要人工授粉或靠外力来授粉。